El Ramio y su aplicación en la industria

José Ángel Pinzón Gómez

Dedicatoria

A la memoria de mi papá, José Ángel Pinzón Gómez. Este libro es un tributo a su vida, sus investigaciones y su espíritu de lucha y dedicación. Aunque ya no esté físicamente con nosotros, su legado perdura en cada página.

Contenido

El Ramio

Introducción

El huevo que, durante muchas décadas, fue el componente básico en la dieta de enfermos y convalecientes, niños y ancianos, además de ser complemento indispensable en el desayuno de los colombianos, ha pasado a ocupar un lugar secundario para unos y de necesaria sustitución para otros, en la alimentación de un alto porcentaje de la población.

El alto precio al detal, al cual ha llegado de ciento ochenta pesos por unidad, hace imposible su inclusión en el desayuno de una familia de cinco miembros y un ingreso de dos salarios básicos, porque le restaría a su presupuesto el 5.7 por ciento, que no le permitirían otros artículos de mayor necesidad en la canasta familiar.

El análisis constante del costo de vida por parte de las familias de medianos recursos ha hecho que las amas de casa sustituyan el huevo por la salchicha, como lo demuestra un estudio de la Universidad de los Andes, a todo lo cual se agrega, el consumo cada día mayor de cereales al desayuno, costumbre que estamos heredando de europeos y norteamericanos y también como consecuencia lógica de la publicidad constante de quienes los procesan y comercializan.

Esta situación podría ser aceptable y además controlable, si el aumento inusitado en el precio del huevo obedeciera a los fenómenos naturales de la inflación, que llevan consigo una retribución equilibrada, no sólo para los insumos que intervienen en la industria, sino también para el capital que lo financia, es decir que a la par que el producto sube de precio, también la utilidad adquiere una mayor representatividad para el capital invertido.

Todo ello se debe al desmedido y constante aumento en el precio de los insumos que golpean constantemente la industria avícola, como son los cereales y algunas tortas oleaginosas, producidos por un gremio fuerte, organizado sectorialmente y algunas fuentes de proteína como la harina de pescado de necesaria importación, con un peso devaluado permanentemente por una parte y el reducido margen de utilidad por la otra, que en ocasiones ha llegado a estar limitado exclusivamente a los subproductos como la carne de las gallinas de deshecho y la gallinaza.

El huevo como la leche y el pan, eran artículos de muy poca rentabilidad para el tendero, pero el tener estos artículos dentro de su surtido, le representaba un «gancho» para mejorar sus ventas de otros artículos. Es decir, eran artículos de necesaria disponibilidad, como medio de atracción de la clientela.

Las alzas constantes en el precio del huevo, como un esfuerzo por recuperar y equilibrar la utilidad, seguidas a pocas semanas de sensibles bajas, por la competencia desleal que impera en el gremio, han permitido que el comerciante detallista o tendero, obtengan para su beneficio económico, parte de la utilidad con que antes contaba el avicultor, como consecuencia de esta anarquía, al no trasladar al consumidor las rebajas, pero sí haciéndole efectivas las alzas, circunstancia ésta que hace que el precio del huevo haya venido en aumento, sin beneficio económico para el productor.

La falta de medios económicos suficientes a disposición de un Organismo Rector, que le permita contratar con firmas especializadas, estudios más amplios sobre interpretaciones químicas de los fenómenos biológicos, orientados a la nutrición, han impedido la salida de esos parámetros alimenticios tradicionales, que siempre han mantenido comprimida a la industria y que son la causa de continuas crisis y la desaparición del mercado de numerosas granjas pequeñas.

El esfuerzo financiero y el costo que representa para el Avicultor, la provisión de fondos para la compra de insumos en cada cosecha, que le garantice la disponibilidad de la materia prima como el Sorgo para sus concentrados, por el término de seis meses, es otro factor que encarece la producción por la falta de centros de acopio que garanticen la venta de materias primas en forma ininterrumpida, sin necesidad de aprovisionamiento largos.

Luchar por recuperar ese porcentaje de utilidad, del que inteligentemente se ha apropiado el tendero, resulta estéril por razones obvias.

Comprimir el mercado como lo recomiendan por épocas, algunos dirigentes, al decirle a todo el gremio del país que procedan a reducir la producción, mediante la eliminación de la totalidad de las aves con un nivel de producción inferior al 67% y simultáneamente disminuir los encasetamientos o reemplazos, traería en la práctica a lo largo consecuencias negativas.

Buscar un incremento en el precio, como consecuencia de la escasez del producto o lo que en otras palabras representa, reducir la oferta con relación a la demanda, repercutiría, no solo en la disminución de la producción, es decir, una pérdida de mercado, sino que también desaparecería una franja de consumidores que no estarían en condiciones económicas de seguir consumiendo el producto por el incremento del precio que buscan con la medida.

Con estrategias de esta naturaleza que solo consiguen deprimir el consumo y políticas de autarquía o sea el principio de producir a cualquier costo, la Industria Avícola perderá muy pronto el destacado puesto que había conquistado en la economía nacional.

Todo nos lleva a concluir que la única solución al problema es buscar otros insumos que sustituyan los actuales o lo que en otras palabras significa cambiar los parámetros actuales, considerados los pilares de la industria, para lo cual se requiere iniciativa y decisión.

Es por lo tanto indispensable la sustitución en un alto porcentaje de los insumos actualmente utilizados en la fabricación de concentrados, por otros que, sin desmejorar en su composición química se puedan cultivar o producir con costos inferiores, que permitan entregar el producto final al Avicultor por un precio significativamente por debajo de los precios actuales.

Ello nos llevó a explorar en la agricultura, porque se hacía necesario identificar un cultivo que, a diferencia de los comúnmente conocidos en la Industria Avícola, se pudiera utilizar su estructura vegetal cien por ciento como alimento y no el solo fruto, como ocurre con los cereales y las oleaginosas y cuya composición química reuniera los requerimientos necesarios para una explotación económica, tanto para el agricultor como para el avicultor.

Si bien es cierto que en la familia de las leguminosas encontramos plantas bastante interesantes poco conocidas y que, en un futuro, cuando ya exista mayor investigación sobre ellas, podrán ser de mucha utilidad, nuestra elección decidida, fue sin duda por el Ramio como la mejor alternativa para reducir los costos actuales de los concentrados, sin detrimento de la alimentación aviar, como se demuestra con amplia y completa información en el siguiente estudio.

Antecedentes y generalidades

Origen e historia

El Ramio es la planta fíbro textil más antigua que conoce la Historia de la Humanidad. En China se utilizaron casi exclusivamente los tejidos de Ramio a excepción de los de la lana, conocidos desde el principio de la Humanidad hasta el año 1.300 época en que conocieron el algodón.

Los Historiadores no terminan de ponerse de acuerdo con el atribuirle la mayor antigüedad al lino o al Ramio, por razón de algunos manojos del lino limpio, encontrados en restos de viviendas lacustres en Europa Central, más concretamente en Suiza, en el fondo de los lagos de Ginebra y Constanza, aunque no precisan si su finalidad era hacer tejidos o cordales. Lo que sí está establecido es que el Ramio era conocido hace ocho mil años, antes de la Era Cristiana y que la primera tela apareció en China, tejida a mano con hebras sin hilar ni retorcer, formando lienzos que luego comercializaban a través del amplio territorio del antiguo Egipto, según lo demuestran los lienzos, en los cuales se han encontrado envueltas algunas momias de Egipto, conservándose en óptimo estado durante miles de años.

El Ramio es originario de los valles de las montañas del suroeste de la China y se cultiva en la cuenca del Huang He «Río Amarillo». Por muchos años la fibra se ha venido usando en la China, como también en la India y el Japón, aunque en menor escala. Hasta mediados del siglo pasado, esta planta prácticamente era desconocida fuera del Asia Oriental.

El Gobierno Inglés de las Indias, abrió un concurso en 1.869, ofreciendo una recompensa de cinco mil libras esterlinas, al inventor de una máquina apropiada para el descortezado de la fibra del Ramio. Diferentes participantes tomaron parte: varias máquinas se sometieron a la prueba, pero ninguna dio resultados satisfactorios y todas las tentativas fueron infructuosas. El premio no pudo ser adjudicado y la oferta fue retirada.

El nombre de Ramio ha sido traducido a un sin número de lenguas, entre las cuales citamos las siguientes:

Inglés	Ramie
Holandés	Rameh
Francés	Ramie
Alemán	Chinanessel
Italiano	Ramio

Todas estas interpretaciones derivadas del malayo, RAMI.

Actualmente se cultiva en la parte Sur de los Estados Unidos y particularmente en la parte costera del golfo y en California. También su cultivo es conocido en Argentina, Cuba; Guatemala y México, pero sin mayor desarrollo. En Colombia es conocido hace aproximadamente veinte años, por alguna promoción que hicieron la Caja de Crédito Agrario y el Instituto Colombiano Agropecuario "ICA", a nivel de huerta casera campesina, pero como ayuda alimenticia en la cría de cerdos, gallinas y conejos.

No obstante, en las Dependencias de Santágueda de la Facultad de Agronomía de la Universidad de Caldas, cerca al Río Cauca, se encontraron vestigios de un pequeño cultivo, que data de los fines de la década de los años cincuenta, producto posiblemente de intercambio entre Universidades.

El Ramio en la industria Fíbro textil

Características

Cuando el Ramio se encuentra en forma de (hierba china), se compone de fibras planas de 60 a 150 centímetros de largo y de 0.5 a 3 milímetros de ancho y contiene dos o más hebras. Las células primarias miden de dos a cincuenta centímetros de largo y de veinte a setenta micrones de diámetro, con una proporción media de cerca de quince centímetros de largo. Ese diámetro es de tres a cinco veces mayor que el de la seda, el algodón o el lino.

El «Filasse de Ramio» desgomado se compone de pecto celulosa casi pura y contiene cerca de 78% de celulosa pura: Los elementos que componen la celulosa se encuentran depositados en espirales en el tabique celular, lo que causa que las fibras se muevan en dirección de las agujas del reloj, como el lino, cuando se moja o se seca, contrario al resto de fibras que lo hacen en dirección opuesta.

La fibra del Ramio es notable por su fuerza. Una sola célula de Ramio tiene una resistencia a la tracción de

17 a 20 gramos, mientras que el promedio para las del algodón, es alrededor de siete gramos. El Ramio posee la cualidad de la incorruptibilidad en el agua y en la humedad, en un grado mucho mayor que todos los demás textiles.

Absorbe y elimina la humedad con rapidez, sin sufrir apenas merma alguna por ello, y sin alargarse. El Ramio resiste más que ninguna otra fibra, la acción de las substancias químicas.

La fibra del Ramio es una de las más nobles que se conocen. Bien desgomada es blanca como la nieve, brillante como la seda natural, liviana, larga y sumamente firme. No se encoge ni se estira al lavar los vestidos. No se pudre. Flota en el agua.

Absorbe los tintes y retiene los colores en mejores condiciones que ninguna otra fibra conocida. Es más, tuerte que todas las demás fibras vegetales y supera en resistencia a todas las fibras textiles, excepto al vidrio, cuando esté mojada. Su resistencia a la tensión es tres veces mayor que la del lino, cuatro veces que la del cáñamo, siete veces que la de la seda natural y ocho veces que la del algodón.

El Ramio se hila en Europa en máquinas especiales, tanto puro como mezclado con pelo de cabra de Angora, lana o algodón. Con su hilaza se fabrican damascos para muebles. Por su resistencia al agua de mar, en el Japón se emplea para fabricar redes de pesca. En China se emplea para fabricar ropas de verano, lo mismo que en Europa. Es apta tanto para los vestidos más finos, casi transparentes, como para los tejidos más robustos, capaces de resistir malos tratos.

Casi no hay nada para lo que no sirva, ya sea pura o en mezcla, lo que justifica que los técnicos la llamen **«Reina de las fibras textiles»**.

Proceso de extracción

Descortezado

El proceso para la extracción de la fibra se inicia con el descortezado que consiste en cortar los tallos por la base, muy cerca a la raíz, procediendo a deshojarlo y luego desprendiendo la corteza en **«cinta»** halando de la base hacia arriba.

Estas cintas se pasan luego por entre un cuchillo de hueso y un dedal de bambú o (guadua para nosotros), puesto en el dedo pulgar. Este procedimiento raspa la corteza final del exterior, la mayor parte de la materia colorante o clorofila y varias substancias gomosas. Después de este proceso, lavar y secar la fibra, queda la llamada **«hierba china»** o **«China Grass»** del mercado.

Esta etapa del proceso debe ser rápida y si el ritmo del descortezado es inferior al ritmo del corte de los tallos en el campo de cultivo, lo que debe evitarse, entonces los tallos deben ser depositados en un estanque con agua, para evitar

de este modo la solidificación de las materias gomosas que se encuentran uniendo las fibras.

En este estado, es decir como **«China Grass»** es exportado el Ramio de los países asiáticos a Inglaterra, Francia, y Alemania, países éstos donde terminan el desgomado, utilizando procedimientos químicos, lo cual está a cargo de las hilanderías.

Sobre este proceso químico fue poco lo que se pudo averiguar, pero si se pudo establecer que sumergiendo las **«cintas»** en una lejía de potasa con base de agua caliente, se pueden obtener resultados satisfactorios en la disolución de los mucilagos que unen las fibras.

Producción de Fibra

En la estación experimental de Louisiana, en Estados Unidos, en terreno apropiado, produjo durante el segundo año de su instalación 53.510 libras de Ramio verde en cuatro cortes. De esta cantidad 47.800 libras servían para la producción de fibra pura.

Las siguientes cifras demuestran el rendimiento aproximado de fibra por hectárea:

Peso total de las plantas verdes	60.800 kilogramos
Peso total de las plantas verdes adecuadas para Producción de fibra	54.300 kilogramos
Peso de las cintas (en seco)	1.400 kilogramos
Peso de la fibra desagregada (en seco)	607 kilogramos

Otros cálculos hechos con base en peso verdadero demuestran que el rendimiento de la fibra desgomada es aproximadamente uno por ciento del peso de la planta verde.

No obstante, los datos anteriores, hemos de destacar que, en Colombia, en climas entre 22 y 24 grados, el rendimiento de la planta en verde es mayor y por consiguiente mayor el producido de fibra, siendo posible obtener hasta cien mil kilos por hectárea-año de materia verde.

Ello se debe posiblemente al tiempo relativamente tan parejo que se registra en las zonas donde impera este clima y donde los veranos no son tan intensos y siempre intercalados de lluvias que tanto ayudan al desarrollo de la planta.

Muy poco se ha escrito sobre otras alternativas de aplicación en la industria y mucho menos sobre su utilización en la alimentación animal que no sea suministrándolo en rama a los cerdos, gallinas y conejos, como cultivo casero en el ámbito de la granja campesina.

Tampoco en los países asiáticos se conoce otra aplicación que no sea la explotación de la fibra en la industria textil, ni mucho menos en su industrialización como materia prima en la preparación de alimentos concentrados para aves.

También Colombian Kimberly Limited, filial de la Compañía de Tabaco de Medellín, estuvo interesada en la explotación del Lino o del

También se han explorado en Colombia otras alternativas bastante interesantes

Ramio, para fabricar su papel de cigarrillo, el cual venía exportando a los países suramericanos, sin que hubiera podido entrar al mercado de los países europeos, por cuanto la materia prima que utilizaba para su fabricación era la cabuya, con la cual no se obtiene la calidad que exigen los europeos.

Siempre interesados en ampliar su mercado, iniciaron entonces una promoción para el cultivo del Lino, en el departamento de Antioquia, fibra ésta que prefirieron, porque les fue más fácil conseguir información sobre formas de cultivo, producción, variedades, plagas, etc., lo que no fue posible con el Ramio.

Algunos campesinos se interesaron en su cultivo, pero posteriormente volvieron a su tradicional y centenario cultivo del café.

Consideraciones

La alimentación representa una de las actividades más importantes en la producción avícola. El dar a las aves una dieta alimenticia sana, económica, bien equilibrada y que reúna las

Difícil detectar una planta que en su follaje se encuentre tan alto contenido de proteínas y que a la vez sea tan rica en carbohidratos y minerales

necesidades, según la edad y los fines que se buscan en una explotación, ya sea de desarrollo, postura o engorde, se traducirá en una positiva ganancia para el avicultor, pues la producción será mayor, la alimentación resultará más económica y las enfermedades nutricionales se reducirán.

Se podría definir como alimento a toda sustancia o materia, sea cual sea su origen que, dentro de nuestro medio y nuestros recursos, sea susceptible de servir económicamente para la nutrición de las aves y su aprovechamiento industrial.

De ahí se desprende, que ha faltado en la industria avícola, mayor investigación de las posibilidades alimenticias, que nuestro medio nos puede ofrecer y nos hemos dejado llevar de las circunstancias impuestas por ciertos gremios, que son los menos interesados en que se encuentren sustitutos alimenticios que puedan sacarlos de tan importante mercado.

El costo de los concentrados en la actualidad y su tendencia a incrementarse debido al constante aumento en el costo de las materias primas como granos (sorgo, maíz, arroz) y tortas de oleaginosas, (soya, algodón, ajonjolí), obligan al avicultor a pensar seriamente en la sustitución de algunas materias primas, consideradas hoy como de vital importancia, aún a juicio de perder algunos puntos en la producción a condición de que la rentabilidad mejore sustancialmente, sin tener que acudir al recurso de los constantes aumentos del precio del producto.

La proteína Bruta

El gran interés del Ramio reside no solo en su capacidad de adaptación y facilidad del cultivo, sino particularmente por las importantes características del forraje que produce.

Fijemos la atención en la fracción, principal causa del gran interés del Ramio, como productora de forraje. L*a proteína bruta.*

Se conoce como Proteína Bruta, una fracción teórica que se obtiene multiplicando por el coeficiente 6.25 la cantidad total de nitrógeno. El procedimiento (Kjeldhal) de análisis permite dosificar en forma amoniacal todo el nitrógeno que, constituyendo parte de sustancias orgánicas e inorgánicas, está presente en una muestra. Se toma como proteína de referencia, aquella que en su molécula contenga un 16 por 100 de nitrógeno. Por ello para estimar la cantidad de nitrógeno total en gramos de proteína de referencia, habrá que multiplicar aquella por el coeficiente.

$$\frac{10}{16} = 6.25$$

Sobra decir que esta fracción que se denomina proteína bruta incluye sustancias de muy diversas características, tanto proteicas como amídicas.

Las proteínas están compuestas de cinco elementos, como sigue:

Elemento	%	
Carbono	50	55
Hidrógeno	6.0	7.3
Oxígeno	19	24

Nitrógeno	13	19
Ocasionalmente Azufre	0	4

Clasificación Botánica

Es una planta herbácea, perenne, perteneciente al género «Boehmeria nivea» (L) Gaudichaud, urtiga nivea Linnacus. Se conoce con el nombre de **«Ortiga de la China»**, es pariente de las ortigas, conocidas en Colombia, pero no tiene pelos punzantes o urentes que produzcan escozor.

Morfología

Tallos y hojas

La planta del Ramio tiene rizomas perennes, de los cuales brotan cañas herbáceas escasamente ramosas que miden de dos a tres metros de longitud y diez o veinte milímetros de diámetro. Son frágiles y sólo después de los ochenta o noventa centímetros de altura, adquieren alguna rigidez, aunque su contextura es débil.

De hojas alternas, casi aovadas o acorazonadas, dentadas y puntiagudas. De pecíolo muy largo y llegan a crecer hasta 27 cm de largo por 24 cm de ancho. Color verde oscuro por el haz y lanuginosas y blanquecinas por el envés.

Flores y frutos

Sus flores son pequeñas de color amarillo pardo y nacen del mismo tallo en dos racimos separados: las estaminíferas o portadoras del polen forman un racimo en la axila del tallo, mientras que las pistiladas portadoras de semilla forman los racimos de la parte superior del tallo.

Las semillas son ovaladas de color amarillo pardo miden un milímetro de largo y por lo general se encuentran encerradas en el cáliz permanentemente. Tienen la apariencia de una pelusa.

Ecología del ramio

Se conoce con la palabra Ecología, al conjunto de todos aquellos factores del medio que rodea a un ser, condicionando su vida.

Factores de Clima

El rango de adaptación de esta planta está entre los cien metros y los mil ochocientos metros sobre el nivel del mar y una temperatura entre 20 y 30 grados centígrados. Sin que esto no quiera decir que no pueda aclimatarse a alturas mayores y temperaturas más bajas. En la Sabana de Bogotá, después de un tercer corte, con buena humedad y fertilización a base de estiércol de establo y abono foliar 20-7-6 se obtuvo a los treinta y seis días un rendimiento de 610 gramos de follaje, distribuido así. 435grms de tallos más pecíolos y 175 gr de hojas con un promedio por tallo de 87.22 gr. No obstante, su mejor desempeño en cuanto a producción de follaje se refiere, está entre los 21 y 24 grados centígrados.

Factores Edáficos

Su mejor desarrollo se obtiene en suelo suelto, fértiles y profundos, con suficiente materia orgánica, lo que permite un mayor desarrollo del rizoma o tallo subterráneo y por consiguiente mayor número de brote de cañas, productoras del follaje, base de la producción, acompañado todo ello de un pH entre 5.5. y 6.5 y un nivel freático no inferior a 60 cm de la superficie.

Como no se trata de un cultivo para fruticultura, sino para producción de follaje abundante y copioso o mejor dicho, desarrollo de hojas particularmente, el Ramio requiere terrenos bajos y fértiles y no elevados y secos. Las heladas destruyen las plantas hasta flor de tierra, pero de los rizomas salen nuevos tallos o cañas en la primavera siguiente.

Sobre su genética y selección es poco lo que puede decirse, ya que es un cultivo relativamente desconocido en Colombia, donde las investigaciones del ICA se limitan a algunas observaciones eventuales, sin mayor profundidad ni seguimiento, precisamente porque no se ha despertado mayor interés en su cultivo por parte de los agricultores.

Preparación del terreno

Teniendo en cuenta que el Ramio es un cultivo que va a producir sucesivas cosechas, sin renovación de siembras, no solo durante el primer año (cada 36 días), sino por muchos años más que pueden llegar a varias décadas y que una debida preparación del terreno puede por lo tanto determinar los buenos rendimientos de los siguientes años, conviene ser verdaderamente generosos en las labores preparatorias del terreno, previas a la siembra.

Por otra parte, el costo que puede acumularse por la realización de labores extraordinarias va a distribuirse entre el producto de tres o más años, por lo que su recuperación es así atenuada.

Primero

Preparar el suelo de manera que se favorezca el desarrollo de los rizomas base del desarrollo de la planta, siendo imprescindible la nivelación del terreno, con el fin de impedir encharcamientos, tanto permanentes como temporales, que tanto perjudican la salud de la planta.

Segundo

Destruir las malas hierbas que puedan competir con el Ramio, restándole espacio, humedad y elementos nutritivos.

Tercero

Preparar la superficie del suelo (capa superior de 5-10 cm) para que reciba la semilla y facilite su germinación, si se optare por utilizar este sistema de siembra. Hay que entender esta preparación en dos sentidos.

- ✓ Conseguir una capa de tierra mullida en la que la semilla no encuentre obstáculo alguno para que sus retoños salgan. En este sentido, los terrones y la formación de costras en terrenos pesados suelen representar los mayores inconvenientes.

✓ Que las semillas estén íntimamente unidas a las partículas de tierra, donde han de encontrar la humedad necesaria para su germinación.

Todo lo anterior se entiende, después de haber arado y rastrillado convenientemente el terreno.

De la observación de estas normas depende el éxito del semillero y el rendimiento de la semilla utilizada y por consiguiente el número de plántulas aptas para el trasplante y el tiempo que tarden para su desarrollo.

Se espera que entre los cincuenta y sesenta días o un poco antes, todas las plántulas nacidas hayan obtenido el desarrollo necesario para su trasplante al sitio definitivo donde se sembraran en cuadros de 60 cm de distancia.

Multiplicación de rizomas

Si se optare por el sistema de multiplicación por rizomas o trozos de raíz, que es el más recomendable, tome una planta de Ramio bien desarrollada, córtele los tallos y separe la mitad de la cepa dejando la otra mitad para continuar la producción. La mitad que desentierra, divídala en trocitos de 7 a 10 cm y siémbrelos a una profundidad de 4 a 5 cm en cuadro de sesenta cm.

De esta manera se obtiene una mayor producción y las partes aéreas cubren más rápidamente el suelo, controlando así con facilidad las malezas que brotan después de los cortes. Por este sistema y en condiciones favorables de humedad y clima, el primer corte puede hacerse aproximadamente a los 120 días después de la siembra. Es natural que el terreno deberá estar bien preparado, con dos aradas cruzadas y sus correspondientes rastrilladas.

Multiplicación por trozos de caña

También se pueden utilizar las cañas o tallos aéreos viejos, cuando éstos empiezan a producir yemas en su parte inferior, cortándolos en trozos de 10 cm aproximadamente, que tengan entre 4 y 6 yemas, colocándolos acostados un poco inclinados y dejando dos o tres yemas por encima del suelo, cubriéndolos luego con cuatro o cinco centímetros de tierra. Este sistema requiere por lo general alguna resiembra y que el terreno esté suficientemente preparado en las mismas condiciones recomendadas para la siembra de rizomas.

El Ramio resiste a las sequías no muy intensas ni prolongadas y no tolera las inundaciones por largo tiempo. Es exigente en humedad por tanto el riego durante períodos secos es indispensable para sostener la producción.

Fertilización

Es muy importante antes de iniciar el programa hacer analizar la tierra, para conocer sus deficiencias en algunos componentes químicos y poderlas remediar hasta lograr un buen equilibrio.

En cuanto al sostenimiento y rendimiento del cultivo, el Ramio aprovecha muy eficientemente el nitrógeno que se le aplica, especialmente a partir del tercer corte. Cien kilogramos por hectárea de urea después de cada corte son suficientes para mantener una buena y uniforme producción de forraje. El Ramio responde bastante bien a los abonos orgánicos, como estiércol de establo y gallinaza, aplicados al momento de la siembra en cantidades de 25 toneladas por hectárea.

Conviene mucho, antes de la última rastrillada, aplicar al boleo un bulto de Calfos o de Fosforita por cada 100 metros cuadrados. Después de cada dos cortes, fertilizar con 5 kilos de Urea o 10 kilos de Nitrón 26 por cada 1000 metros cuadrados.

Características especiales

Orden familia	Nombre científico	Nombre común	Estado causante del daño	Habito
Pyralidae	Herpetograma sp.	Enrollador del follaje del ramio	Larva	Masticador follaje
	Sylepta silicalis «Guenée»		Larva	Masticador follaje
Cercopidae	Aeneolamia sp.		Adulto y ninfa	Chupador follaje

En mayo 24 se hizo un corte general, es decir, a Raz de tierra, no conservando sino las yemas de los rizomas, ya que se cortaron no solo los tallos ya desarrollados con altura de corte, sino también los tallos incipientes y de mediana altura, con el fin de encontrar el mejor sistema de corte por el grado disparejo de crecimiento de las cañas, ya que este cultivo se caracteriza por un brote permanente o mejor dicho en todo tiempo, de yemas o botones escamosos, que como es natural, hace que la altura del cultivo no sea uniforme, lo que a libre crecimiento podría oscilar entre 10 cm y 3 metros.

Naturalmente que, en un cultivo industrial, con cortes regulares siempre habrá un rango de altura más copioso y abundante de acuerdo con la fecha del último corte, que nos permitirá conocer el grado óptimo de producción foliáceo, como meta industrial y productiva.

El 29 de junio o sea 36 días después del anterior corte, se hizo el corte reglamentario de recolección de materia prima, continuando la investigación y cuidando de no cortar las cañas y retoños que no se encontraran por encima de 44 cm de altura, como base de una franja de crecimiento, no encontrando con estos requerimientos sino 10 cañas, las cuales dieron el siguiente resultado:

cm									
70	66	64	60	59	56	55	54	52	44
Total 580 cm									

Promedio altura por tallo 58 cm

Promedio de crecimiento diario 1.61 cm

Pero se requería además conocer la producción de hoja, por separado de la producción de tallos y pecíolos, ya que estos contienen el mayor porcentaje de "fibra" del conjunto de la mata en general, dejando a las hojas un bajo porcentaje de esta celulosa, aceptable en la alimentación aviaria.

El peso del Masticador follaje o material verde en dicho corte fue el siguiente, que no requiere análisis, sino después de conocer el resultado del siguiente corte.

Hojas	130 gramos
Tallos	360 gramos
Total	490 gramos

En agosto 4de 1999 o sea 36 días después del anterior corte, se hizo un nuevo corte, ya no dentro de un rango de 4– 70 cm, sino, que se amplió el rango anterior a 57– 89 cm, que como era natural, debería reducir considerablemente el número de tallos útiles, al efectuar el nuevo corte en el mismo período de tiempo.

Ello también nos conduciría a ajustar la altura promedio de corte al «estado» de mayor producción de proteína del cultivo evitando así que los cortes se hagan en forma prematura, cuando la planta todavía se encuentra en proceso de producción de proteína o en forma tardía, cuando empieza a disminuirla, muy posiblemente en su propio sostenimiento.

La producción de tallos reglamentarios para corte, dentro de la nueva franja, se redujo 1%, es decir, que en este corte sólo calificaron 9 cañas en lugar de 10 del corte anterior.

Analizados los nuevos tallos dieron el siguiente resultado:

cm								
57	72	73	77	78	83	85	89	89
Total 703 cm								

Promedio Altura por tallo 78 cm

Promedio crecimiento por día 2.17 cm

El peso del follaje o materia verde fue así:

Hojas	170 gr
Tallos	515 gr
Total	685 gr (materia verde)

Análisis del estudio

Si bien es cierto que en este corte sólo alcanzaron la altura máxima nueve cañas por el incremento de la altura de la franja, no es difícil aceptar que el incremento de la producción fue por demás satisfactoria, según el siguiente cálculo matemático:

Crecimiento	(703-580) /580	21%
Aumento de follaje	(685-490) /490	39%
aumento de foliación	(170- 130) /130	30%

Los porcentajes son muy representativos, sobre todo el de **foliación**, ya que el estudio está orientado a la industria de alimentos concentrados para aves y el sólo incremento del 30% mensual en hojas, así le descontemos el 75% del contenido de agua, nos da una idea de la rentabilidad económica en el resultado anual, si hacemos los cortes con tijera manual, en forma tal que permita seleccionar los tallos usando mano de obra femenina, por sus especiales características y considerando a la vez que en la actualidad es muy escasa la mano de obra campesina rural y si se encuentra no aceptan trabajar por el salario básico.

Como conclusión tenemos dos aspectos básicos: la tijera manual permite utilizar personal femenino en trabajo de campo, contrarrestando la escasez de personal masculino que siempre aspiran, si no es que exigen más del salario básico.

En vista de que las cifras de la anterior investigación se tomaron como base para el estudio de la producción global por hectárea-año, es importante aclarar que las investigaciones fueron hechas en la Sabana de Bogotá, a una temperatura promedio de 16 grados centígrados, con pocas lluvias y riego artificial esporádico. No se aplicó ninguna clase de abono orgánico ni fertilizante químico.

Es por lo tanto de esperar que, si el cultivo del Ramio se lleva a cabo en un clima entre 20 y 24 grados centígrados que sería la franja promedio de temperatura para su cultivo, es de esperarse resultados muy satisfactorios, no sólo en follaje, sino en nutrientes.

Peculiaridades

En la parte de este estudio que precede se trató sobre la producción del Ramio, en lo que respecta a los tallos individualmente, para demostrar el incremento en la producción, al efectuar su corte individual, sin que esto pueda considerarse como base para la cifra de producción global.

El cultivo del Ramio como se dijo antes es perenne y su producción permanente, ya que ésta no se efectúa por cosechas, ni estaciones del año, que regulen su siembra y recolección.

Su reproducción se efectúa en forma natural y espontánea, por el sistema de tallos horizontales subterráneos, que tienen aspecto de raíz, llamados rizomas, carentes de hojas, con un sistema fibroso poco o nada desarrollado y su lignificación no alcanza el mismo grado de desarrollo que en las ramas aéreas.

Por esta circunstancia su producción no se puede calcular por cañas sino por matas aproximadamente al año de establecido, cuando ya haya obtenido su mejor desarrollo y presente cada una entre ocho y doce cañas de diferente altura, resultado muy factible si el cultivo ha tenido suficiente riego, que es indispensable en la mayor parte del año y ha sido fertilizado con abono orgánico «gallinaza» y Urea.

Si tenemos en cuenta que el único elemento que las plantas reciben de la tierra es el agua, a parte de las sales de los elementos minerales, y que para fabricar los hidratos de carbono «azúcares y almidones» indispensables para alimentar sus células, requiere además de la luz y del anhídrido carbónico para el proceso de la fotosíntesis o unión mediante la luz, es de apreciar el esfuerzo metabólico de los tallos subterráneos, por desarrollar esos instrumentos «llamados hojas» que tienen los tallos aéreos para poder obtener los elementos que le niega la tierra para su desarrollo.

Entonces es cuando aprovechamos estos fenómenos de la naturaleza para mejorar la producción, cortando las cañas de cierta altura y obligando al «núcleo» a producir nuevas yemas para reponerlos, en cuyo proceso debemos ayudarle a la planta con escarificadas periódicas y cuidando de dejar en el «núcleo» los primeros 3 cm del tallo, ya que esto puede contribuir al brote de más yemas.

La harina de ramio

El Ramio es utilizado generalmente en el país como forraje para conejos, curíes y en muy bajo porcentaje para cerdos, como consecuencia de algunas

Como alternativa de alimento para aves

recomendaciones a los campesinos de las zonas cafeteras.

Si lo utilizáramos en la alimentación del ganado vacuno, necesitaríamos entre 45 y 60 kilos de follaje diario como ración para un animal adulto, confiando en que en este volumen se encuentren los elementos nutricionales que requiere un bovino.

Pero ¿Cómo reducir este volumen? y convertirlo en una masa que en forma proporcional sea asimilable al aparato digestivo de una gallina que sólo consume diariamente 120 gramos en promedio de alimento y que en tan reducido volumen se encuentren todos los elementos alimenticios que la gallina requiere para su desarrollo y producción, si éstos son relativos al volumen.

Para acoger el Ramio como alternativa alimenticia en la avicultura, sería necesario reducirle el volumen digestible, hasta hacerlo apropiado y apto a las necesidades y tamaño de una gallina, sin que pierda sus bondades nutricionales, es decir, que conserve su composición química original en cantidad y calidad y únicamente el peso relativo a estos, en lo que respecta a nutrientes.

Para ello le suprimimos el contenido de agua interna que se encuentra en forma libre en las soluciones y jugos de la planta, sin tocar el agua ligada que forma parte de moléculas más complicadas ya que, si esto llegare a ocurrir en el proceso, ello significaría la modificación de la propia composición química del producto y por lo tanto su calidad.

Se entiende además que cuando se inicia el proceso, el material debe estar totalmente libre de agua (periférica) que haya adquirido por lluvia, riego o rocío.

Este proceso no es otro que la deshidratación por medio artificial lo que significa la reducción en un 89% aproximadamente del volumen del alimento y por consiguiente de su peso, si a la vez lo convertimos en harina, como complemento de su industrialización.

Aparatos de desecación

La deshidratación como medio tan empleado en la fabricación de alimentos, ha hecho que se empleen distintos sistemas y un sinnúmero de aparatos que sería muy extenso tratar de presentarlos en un estudio de esta naturaleza. En Bucaramanga existe una firma que ya ha fabricado esta maquinaria para deshidratación de Alfalfa.

Esquema de una planta deshidratadora

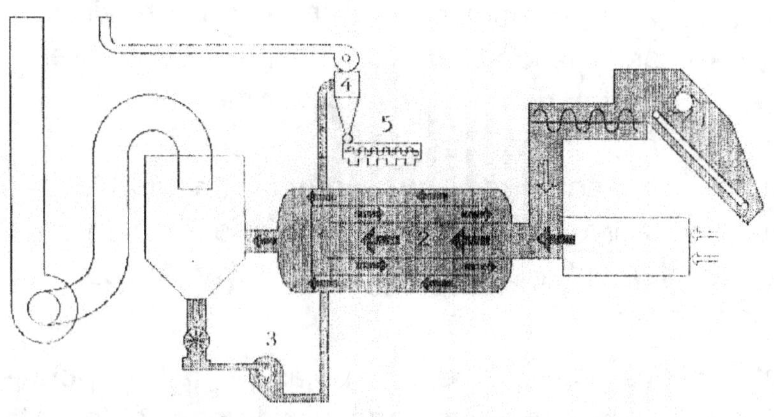

1	Entrada forraje
2	Tambor desecador
3	Molino
4	Ciclón
5	Ensacadora

Si bien es cierto que en el presente estudio se ha hecho siempre hincapié en la preparación de concentrados para avicultura, sin que se haya resaltado la importancia de las cañas o tallos, por su alto contenido de carbohidratos, minerales y fibra, es de anotar que su composición química en general se aproxima sobre manera a la fórmula ideal para complementar el pastoreo en el levante y ceba de ganado bovino.

> En el levante y ceba de ganado bovino como también en el levante de novillas después del destete.

También una mezcla entre hojas y tallos podría implementar un magnífico concentrado para el levante de ganado hembra, después del destete por cuanto la proteína que suministran las hojas y los carbohidratos de los tallos sería una magnífica combinación para su crecimiento y desarrollo

Composición química

El cuadro siguiente nos muestra la composición química del Ramio, con relación a la materia seca, donde se destaca el 25.82 % de proteína bruta, según el análisis bromatológico hecho por el Centro de Investigaciones de la Facultad de Química Farmacéutica de la Universidad de Antioquia de Medellín.

Análisis bromatológico	Hojas	Tallos
Proteína bruta	25.82 %	11.89 %
Grasa	3.06 %	1.08 %
Cenizas	24.89 %	15.30 %
Fibra	7.43 %	24.86 %
Carbohidratos	38.88 %	46.87 %

Si observamos detenidamente el análisis bromatológico, de la Universidad de Antioquia correspondiente a las hojas, ya que dejaremos los tallos para un análisis posterior, cuando tratemos sobre la ceba de bovinos, es de destacar la importancia de los resultados, unos por su alto porcentaje y otros por su bajo porcentaje, tan definitivos todos, en la composición de los alimentos para aves.

Proteína bruta

Sólo la alfalfa, dentro de los cultivos utilizados para la fabricación de alimentos concentrados para aves, llega a presentar un resultado o contenido de Proteína del 16%, el cual debe ser complementado con otros productos para llegar al 20% mínimo, que se requiere para la cría de "pollitas" hasta las ocho semanas de nacidas y al hablar de mínimo, quiere decir, que si el porcentaje es mayor, mejor es el resultado y encontramos que el Ramio según el análisis que precede, llega al 25.82 % que cubre ampliamente el estado más óptimo en alimentación en el levante de «pollitas».

Grasas

Las grasas cumplen en el organismo, una función análoga a la de los carbohidratos es decir, sirven principalmente como fuente de energía, las aves tienen poca necesidad de ellas, puesto que no las digieren, absorben y transforman con facilidad. La mayor parte de los ingredientes alimenticios que se dan a las aves no contienen niveles excesivos de grasa, ya que los ingredientes con alto contenido de ella están expuestos a enranciarse, poniendo en peligro la salud de las aves, al oxidar las vitaminas. No obstante, la carencia absoluta de grasa retarda el crecimiento de las aves o la producción de huevo.

Las hojas de RAMO están en su porcentaje ideal del 1.08 %, según Jairo A Velázquez en su libro PRODUCCIÓN AVICOLA Y PORCINA que recomienda un 2.0 % no sólo para las ocho primeras semanas de nacidas, sino también para el resto del período siguiente hasta la iniciación de la postura.

Fibra

Es quizá la avicultura el sector de la ganadería que más honda transformación ha sufrido en los últimos decenios. Las aves reciben raciones alimenticias perfectamente balanceadas, exigiéndoles a cambio unos altos rendimientos y limitándose, por otro lado, los períodos improductivos al mínimo.

Dichos estudios e investigaciones han demostrado que para conseguir tales metas, es indispensable limitar el contenido de fibra en la composición de los alimentos. Sin embargo, algunos alimentos celulósicos son siempre precisos, ya que tienen un cierto efecto como controladores del canibalismo que se presenta en las aves.

Manuel Del Pozo, investigador español, en su obra LA ALFALFA recomienda un 5-8 % de participación de fibra y nos llama la atención una publicación del CENTRO DE INVESTIGACIÓN DE AGRICULTURA TROPICAL de Palmira, donde en cinco muestras que analizó de "torta de soya" se encontraron resultados desde 8.8 % en forma ascendente hasta 20.8 %, sin que esta diversidad de porcentajes en escalas tan altas, sea tenido en cuenta por los avicultores en la preparación de sus concentrados, posiblemente porque los vendedores o proveedores les ignoran este aspecto del análisis del producto que venden.

El Ramio por su parte, es muy estable en la producción de fibra "leñosa" en cuanto se refiere a la hoja, ya que su mayor producción de esta celulosa se presenta es en los tallos y es posiblemente por esta circunstancia que su porcentaje en el Ramio es de sólo 7,43 %, que encaja a perfección en las recomendaciones del investigador antes mencionado.

Cenizas

Se definen como cenizas o materia inorgánica al conjunto de minerales que intervienen en la alimentación de los seres. Ciertos minerales como el Calcio, el Fósforo, el Potasio y el Sodio se requieren en grandes cantidades y son los denominados "elementos o macrominerales".

Los minerales son elementos esenciales para mantener los procesos del organismo, los cuales son absorbidos en el tracto intestinal, en la misma forma que se dan en los alimentos y se incorporan en parte de proteínas y enzimas. La pobreza de sales minerales en la alimentación trae como consecuencia trastornos generales en la salud del ave, como el raquitismo, enfermedad debida a una mala relación entre el calcio y el fósforo, que produce descalcificación o endurecimiento de los huesos y que se manifiesta particularmente durante el crecimiento de los pollos.

El calcio por lo tanto sobresale en importancia en el conjunto de minerales que se requieren para el desarrollo y producción en esta industria y es precisamente de lo que más carecen la mayoría de los insumos naturales comúnmente utilizados en el país.

Según tablas del ICA presentadas en una de sus publicaciones periódicas, los diferentes alimentos más comúnmente utilizados en la alimentación de aves presentan los siguientes porcentajes de contenido de CALCIO:

Arroz	0.11%
Sorgo	0.06 %
Ajonjolí	1.62 % (incluye torta)
Maíz	0.15 % (incluye soca)
Soya	0.24 % (incluye torta y grano)

Estos resultados fueron el promedio de cinco muestras diferentes, tomadas también en cinco regiones apartadas unas de otras.

El bajo contenido de calcio de los anteriores nutrientes hace obligatorio para el avicultor implementar sustitutos como: piedra caliza molida, concha de ostras, harina de hueso, fosfato tricálcico, bicálcico o fosfato de roca, con un incremento en el costo de producción de huevo, imposible de evitar.

La firma NUTRIANÁLISIS de esta ciudad que nos hizo el análisis de los macroelementos del Ramio encontró que esta planta tiene un contenido de **4.09 % de Calcio** que cubre cualquier exigencia de calcio en todas las etapas de producción.

Carbohidratos

Son el sorgo y el maíz, pero especialmente el sorgo, los productos que más se utilizan en la preparación de alimentos concentrados para aves, cuyo cultivo es ampliamente financiado por los bancos a través de un Fondo que maneja el Banco de la República como programas de fomento a la agricultura.

Si bien es cierto que estos cereales tienen un alto contenido de carbohidratos también lo es, que son muy pobres en otras sustancias como proteínas y minerales, por lo cual el Ramio podría entrar a competir con ellos, dentro de un análisis de balance, al considerar que el Ramio es rico, no sólo en proteínas, sino en minerales y que además contiene (hablando únicamente de las hojas) un 38.88 % de carbohidratos lo que representa el 62.00% del poder alimenticio del sorgo, sin considerar que si lo comparamos con los tallos, este porcentaje sería del 75.68 %.

Lo anterior en cuanto al sorgo, porque si lo comparamos con el maíz, los resultados serían superiores, por cuanto el maíz contiene menos carbohidratos que el sorgo.

Haciendo un análisis desprevenido y considerando otros aspectos económicos es fácil aceptar, que el Ramio podía llegar a sacar del mercado a la torta de soya y por consiguiente a la de ajonjolí y de algodón y restarle considerable porcentaje del mercado a los agricultores de sorgo y maíz, ya que, por su alto contenido de carbohidratos, sólo sería necesario utilizar un 25 % de sorgo para combinar los concentrados a base de Ramio.

Producción industrial

Generalmente en la mayoría de las plantas que se deshidratan para su análisis químico o explotación industrial, aparece un contenido de agua de un 75 a un 80%, para un 25 o un 20% de materia seca, pero siempre presentando una relación, entre la materia verde y la materia seca de los tallos, como la materia verde y la materia seca de las hojas.

En cambio, los resultados de estos procedimientos son en el Ramio muy diferentes, ya que los tallos en verde exceden al peso de las hojas considerablemente, como es normal en la mayoría de las plantas, pero al deshidratarlos descienden por debajo del peso de las hojas, hasta presentar su producto de materia seca en un mínimo porcentaje.

Esta circunstancia debe tenerse en cuenta al calcular los costos de explotación y no hacerlo con base en los resultados del peso de la mata.

Una hectárea de terreno alberga en cuadros de 60*60 cm 27.556 matas a las cuales se les calculó 685 gr cada una de producción de forraje para un total de 18'875.860 gr en Verde distribuidos así:

| Hojas | 24.81 % | 4682 kilos (4 Ton 682 kilos) |
| Cañas | 75.19% | 14.192 kilos (14 Ton 192 kilos) |

Materia seca

| Hoja | 20.5% de 4682 kilos | 959 kilos |
| Tallos | 8.0% de 14.192 kilos | 1135 kilos |

Producción total   2094 kilos por corte

producción total hectárea -año: 20 Toneladas

Con estos resultados, la producción total de una finca depende de su extensión y de las aspiraciones económicas de los empresarios que integren la sociedad, como también de su capacidad de inversión.

Bogotá D.C. abril de 1999

José Ángel Pinzón Gómez

Conclusión

El ramio puede suministrar el 100% de los requerimientos de proteína para la industria avícola y a la vez suministrar el 75 % de las calorías, siendo bajo en grasas y en fibra características indispensables, las cuales están dentro de los parámetros que más convienen.

Glosario

Urea Es un compuesto orgánico muy soluble en agua formado por carbón, nitrógeno, oxígeno e hidrógeno

Calfos Es un fertilizante en polvo que contiene fósforo, calcio y azufre. Es un fertilizante adecuado para suelos ácidos o ligeramente ácidos

Fosforita es un mineral blanco amarillento que se utiliza como fertilizante. Se elabora con roca fosfórica molida y contiene aproximadamente un 28% de fósforo total (P2O5) y un 40% de calcio (CaO)

Encasetamiento Es el número de pollitas y pollitos de un día que entran a ser parte de la población de aves destinadas a la postura o al engorde, respectivamente.

ICA Instituto Colombiano Agropecuario

Nitrón es un fertilizante nitrogenado que contiene diferentes formas de nitrógeno. Gracias a su composición, las plantas pueden absorberlo de forma inmediata y mediata. Esto garantiza que las plantas puedan absorber nitrógeno en la zona radicular a corto y mediano plazo.

Yemas de ramio son tallos subterráneos o rizomas que crecen hacia afuera y de los que brotan nuevos tallos. Las yemas crecen hacia abajo, buscando el nivel de humedad y en busca de alimentos

Anexos

UNIVERSIDAD
DE
ANTIOQUIA
FACULTAD DE QUIMICA FARMACEUTICA
Centro de Investigaciones

APARTADO: 1226
MEDELLIN – COLOMBIA

8716-910-93
CITE ESTA REFERENCIA AL CONTESTAR

50 AÑOS

Medellín, 3 de marzo de 1993

Señor
JOSE PINZON GOMEZ

Santafé de Bogotá

Estimado señor Pinzón:

Le estamos remitiendo los informes de los análisis bromatológicos de las hojas y de los tallos de ramio.

Como puede apreciar en los informes, las hojas tienen buen contenido de proteínas, cenizas y carbohidratos y su bajo contenido de grasa y fibra, permite pensar en un uso alimenticio comparable con la torta de soya.

Sobre los tallos se comprueba la buena cantidad de fibra, que como usted dice puede aplicarse en producción industrial.

Por mi parte, estoy en espera de bibliografía complementaria.

Sin otro particular, me despido con un cordial saludo. .

GABRIEL JAIME ARANGO ACOSTA
Jefe Centro de Investigaciones

FACULTAD DE QUIMICA
FARMACEUTICA

CENTRO DE INVESTIGACIONES
DIRECCION

FACULTAD DE QUIMICA FARMACEUTICA
CENTRO DE INVESTIGACIONES
LABORATORIO ESPECIALIZADO DE ANALISIS

INFORME DE ANALISIS

CODIGO: 25-02-2441-93

NOMBRE GENERICO: HOJAS DE RAMIO (Boehmeria nivea)

CANTIDAD: 50 gm

REMITE: JOSE PINZON GOMEZ

FECHA RECEPCION DE LA MUESTRA: 9 de febrero de 1993

FECHA DE ANALISIS: 23 de febrero de 1993

ANALISIS SOLICITADO: Carbohidrato, ceniza, proteina, grasa, fibra

RESULTADOS DE LA MUESTRA RECIBIDA (muestra seca)

ANALISIS BROMATOLOGICO

Proteina: 25.82%
Ceniza: 24.89%
Grasa: 3.06%
Fibra: 7.43%
Carbohidratos: 38.88%

NORA ELENA MONTOYA RES
Quimica Farmaceutica Analista

FACULTAD DE QUIMICA
FARMACEUTICA
CENTRO DE INVESTIGACIONES
DIRECCION

ANGELA MARIA RIVERA CHAVERRA
Quimica Farmaceutica Analista

GABRIEL JAIME ARANGO ACOSTA
Jefe Centro de Investigaciones

Medellin, 25 de febrero de 1993

NUTRIANALISIS

Página 1

```
FECHA DEL INFORME : 02/21/95
PROCEDENCIA       : JOSE PINZON GOMEZ
REMITENTE         : SR. JOSE PINZON
DIRECCION         : 
CIUDAD            : STAFE DE BOGOTA
TELEFONO          : 
TELEFAX           :
NUMERO DE MUESTRAS: 1
```

Muestra No. 1- HARINA DE RAMIO

ANALISIS	RESULTADO
MACRO ELMNTOS (N,Ca,P,K,Mg) :	
MATERIA SECA	99.41 %
NITROGENO	3.70 %
CALCIO	4.09 %
FOSFORO	0.22 %
POTASIO	1.35 %
MAGNESIO	0.40 %

-----*-----

OBSERVACIONES :

María Cristina Otálora
María Cristina Otálora
Gerente de Servicios

Cdi_3

CALLE 22C No 44A-12 QTA. PAREDES TELS. 2690506 3682580 3682581
3682582 FAX 3682584 SANTAFE DE BOGOTA D.C.

Acerca del Autor

Nació en Pueblo Rico en 1922. Fue el menor de siete hermanas y tuvo que comenzar a trabajar desde muy joven para ayudar a su familia. A los 14 años, entró a trabajar como aprendiz en un banco, donde rápidamente demostró su talento y su capacidad de trabajo.

Fue un hombre dedicado, perseverante y disciplinado. Trabajaba largas horas y siempre estaba dispuesto a aprender cosas nuevas. En poco tiempo, se convirtió en referente en la banca colombiana.

También era un hombre interesado en la agricultura. En su tiempo libre, investigaba sobre nuevas técnicas y métodos de cultivo. Estaba convencido de que la agricultura podía ser una actividad más rentable y sostenible, y dedicó gran parte de su vida a buscar soluciones innovadoras.